# Lieder

und

# Vermischte Gedichte.

# Lieder

und

# Vermischte Gedichte

von

Werner Bergmann.

Berlin.
Druck und Verlag von Georg Reimer.
1870.

# Inhalt.

## II. Lenz und Liebe.

## III. Geistliches.



## IV. Nachtstimmungen.

I.

# Herz und Welt.

## I.

Wie, umrauscht von wilden Wogen
Und in Tiefen, unergründet,
Von purpurner Nacht umzogen,
Sich die edle Perle ründet

Und zum Licht emporgehoben
Von des Tauchers kühnen Händen,
In des Lebens Kranz gewoben,
Glanz und Zier beginnt zu spenden:

So empfängt auf dunkeln Wegen,
Ferne von des Lebens Maie,
Unter harten Schicksalsschlägen
Auch das Herz oft seine Weihe.

Und als Taucher kommt die Liebe,
Zieht's empor zu goldnem Lichte
Und verkehrt des Lebens Trübe
Zu dem seligsten Gedichte.

4

Drum, geprüftes Herz, nicht zage!
Einmal nahn die lichten Stunden.
Trage nur die Prüfung, trage
Und du wirst bewährt gefunden.

II.

Alle Erdenschönheit ist
Für dich unzulänglich;
Erst, wenn schön du in dir bist.
Wird sie unvergänglich.

III.

Du mußt das Schöne im Moment erhaschen;
Es kommt und flüchtet wie die Well' im Meere.
Bald ist's ein Lächeln nur, bald eine Zähre,
Bald sind's Gebilde, die sich schnell verwaschen.

O samml' es still in deiner Seele Grunde,
Was flüchtig dir das Schöne vorgehalten,
So wird es noch in später Lebensstunde
Sich tröstend und erhebend neu gestalten.

## IV.

Gerne brächt'st du zur Entfaltung
In des Herzens Hochgefühl
Jede herrliche Gestaltung,
Doch nur halb kommst du an's Ziel?

Klage nicht. Sieh', jene Veilchen,
Halb verhüllt vom Blätterfall,
Sind des Schönen nur ein Theilchen
Und verschönen doch das All.

## V.

O Herz, kannst du noch weinen,
So klage nicht zu schwer;
Doch fühlst du dich versteinen,
Dann schlägst du bald nicht mehr.

Die Thräne ist der Tropfen
Des Lenzes auf den Schnee.
Er lös't ihn, daß er leise
In Erd' und Duft zergeh.

VI.

Geh noch so heimlich, noch so schnell,
Es schleicht dir Einer nach,
Ein Nirgendüberallgesell,
In Nächten wie am Tag.

Du lachst und sprichst: Ich seh' ihn nicht!
Er aber, er sieht dich.
Du magst in Nacht gehn und im Licht,
Nah ist er sicherlich.

Wo sich kein Lüftchen um dich regt,
Weht's leis' um dein Gesicht;
Was sich um deine Schulter legt,
Du fühlst's, doch weißt du's nicht.

Die Pappel schwirrt in stiller Luft,
Es kracht der trockne Ast,
Es ist, als ob dir's ferne ruft,
Ein Dorn hat dich erfaßt.

Im Dunkel fühlst du seine Näh
In Höhle, Wald und Haus;

Es steigt das Blut dir in die Höh,
Dich faßt ein leiser Graus.

Du hörst's, wie Schritte, hinter dir, —
Stehst du, ist Alles stumm.
Du schließest hinter dir die Thür:
Er kümmert sich nicht drum.

Du fühlst, er ist in dem Gemach
Und hörst du gleich ihn nicht;
Erst dann wird still dein Herzensschlag,
Strahlt durchs Gemach das Licht.

Das ist er, der auf Schritt und Tritt
Dir folgt Jahr aus und ein
Und ruhst du aus, so ruht er mit
Und läßt dich nie allein.

Geh schlecht und recht vor Gott den Gang,
Dann legt sich deine Scheu
Und auch im Dunkel mit Gesang
Gehst du an ihm vorbei.

Hörst auch im Dunkel seinen Fuß
Mit Ruh zu jeder Stund;

Dir ist, als ob zu leisem Gruß
Du öffnen mußt den Mund.

Dich schauert süß in seiner Näh
Und sehnend fleht dein Geist:
O daß ich ihn nur einmal säh,
Der mich geheim umkreis't!

VII.

Noch nicht völlig ausgeboren
Ist, was in dir leben soll?
Glaub, es ist drum nicht verloren;
Still vollendet sich's und voll.

Also liegt in nackten Sprossen,
In halb offnen Knospen schon
Oft der Frühling eingeschlossen
Und ihn weckt Ein Hauch, Ein Ton.

Darum hüte treu und fleißig,
Was da keimt im stillen Schooß,
Denn zu vollen Blüthen, weiß ich,
Ringt es dann einmal sich los.

VIII.

Ist's die Knospe immer noch,
Fühlt sie doch wie Glühen
Einer innern Zuversicht,
Daß sie werde blühen.

Harren aber muß sie still
Auf die heil'gen Kräfte;
Thau und Sonne treiben ja
Drinnen ihr Geschäfte.

Wie die Knospe stille harrt
Ohne stürmisch Thuen,
So mußt du voll Zuversicht
Stille in dir ruhen

## IX.

Alles treibt der Frühling weiter.
Alles naht sich der Entfaltung;
Aus der Blüthe drängt sich breiter
Schon die Frucht in fester Haltung.

O entsproß denn, Herz dein Streben
Als ein Reis dem ew'gen Lenze,
Glaub', daß sich's zu vollem Leben
Und zu hoher That ergänze.

X.

Diese süße Schöpfungsstille,
Diese Sonn und Duftesfülle,
Dieser bunte Blüthenglast
Wird dich rühren, dich entzücken
Und ins Paradies entrücken,
Wenn du selbst den Frieden hast.

## XI.

Der Garten liegt in stummer Ruh,
Es schlummert Baum und Blatt,
Wo laut der Mädchen Jubelsang
Noch jüngst geklungen hat.

Vielleicht vom nahen Kirchhof schallt
Schon morgen Grabgesang.
Man trägt der Mädchen ein's daher!
Ihr Jubelschrei verklang.

So ist das Sein ein kurzer Schmerz,
Ein lichter Augenblick,
Vielleicht ein letztes Stillstehn bald; —
Was kommt, nimm Leid und Glück.

Sing' in der Freud, doch singe schnell!
Trink aus des Lebens Wein!
Eh du es denkst, versiegt der Quell,
Nur der Moment ist dein.

## XII.

Die Erde träumt und liegt wie todt;
Ihr Auge hängt voll Thränen.
Die Lerche steigt ins Morgenroth
Und läßt ihr Lied ertönen.
Reiß aus dem dunkeln Erdentraum
Dich los o Seel' und schwinge
Dich muthig in den lichten Raum
Der Freiheit auf und singe.

## XIII.

Wie der Wolk' entquillt der Regen,
Strömt das Glück aus Gottes Hand
Und je dunkler erst die Wolke,
Um so schöner wird's gesandt.

Laß nur für des Glückes Segen
Deine Seele offen stehn
Und du wirst in ihrer Tiefe
Seine Saaten sprossen sehn.

Nur erraffen, nur erzwingen
Läßt sich nicht das süße Heil.
Wie der nächt'ge Thau der Blume,
Wird's dir ungesucht zu Theil.

## XIV.

Die ersten Blätter, die sich dir
Im Lebensbuch' enthüllen,
Füllt in der überreichsten Zier
Was jeden Wunsch kann stillen.
Doch birgt das nächste schon den Schmerz;
Drum liebe bald, o junges Herz!

Bist du erst älter, wärmt dich kaum
Der Abschein sonn'ger Tage;
Du wandelst still dahin im Traum
Von einer goldnen Sage.
Noch blüht dein Mai, noch schläft dein Schmerz,
Drum liebe bald, o junges Herz!

## XV.

Im grünen Blätterkerker starren
Die Hyacinthenglocken dicht,
Die farb- und duftlos drinnen harren,
Daß küsse sie das Sonnenlicht.
Ist auch ihr Duften und ihr Prangen
Nichts als ein langsam Sterbelied:
Sie durften doch am Munde hangen
Der Sonn' und haben doch geblüht. —

So schläft der Jungfrau süßes Leben.
Sie träumt, wovon? — Sie sinnt, wonach?
Sie weiß es nicht; sie wartet eben
Auf Liebe, ihrer Seele Tag.
Liegt auch in Liebesschmerz und Wonnen
Geheimnißvoll der Tod bereit,
Gleichviel, trank aus der Liebe Bronnen
Zuvor sie doch die Seligkeit.

## XVI.

Viel Freuden sah' ich mir entschweben;
Es blieb mir nur um sie der Schmerz.
Doch wirkt' auch er ein still Ergeben
Und wies mich langsam himmelwärts.

Sind nicht die Schmerzen auch nur Blüthen,
Vom Lebensbaume still erzeugt,
Die, recht gepflegt, auch Früchte bieten,
Heilsam', ob herbe auch vielleicht?

Die Früchte heißen das Entsagen,
Die Selbstbeherrschung und Geduld.
Sind sie, die solche Früchte tragen,
Nicht freier von des Lebens Schuld?

## XVII.

Wohl Manche haben's schon erfahren,
Daß sie auf reif'rer Lebensbahn
Oft Bilder aus den Jugendjahren
Urplötzlich aufgestiegen sahn.
Bald war's ein Spielplatz, eine Weise,
Ein Quell, ein Duft, ein Liebespfand,
Die uns in ihre Zauberkreise
Mit süßem Lächeln festgebannt.

Die erste Lieb' und ersten Schmerzen
Ziehn wieder in die Seele ein;
Wir zwingen uns, darob zu scherzen
Und weinen doch in süßer Pein.
Vergessen ist im Schaun allmälig
Der Raum, der uns von ihnen trennt;
Wir fühlen fast uns jugendselig
Und eine Gluth, die nicht mehr brennt.

Dies Rückwärtsträumen, dies Erinnern
Bleibt selbst im Alter uns noch treu
Und tönet nach in unserm Innern
Wie ferne Morgenglock' im Mai.

In Ein Erinnern fest zusammen
Drängt sich das ganze Erdensein,
Bis daß es sinkt nach letztem Flammen
Zu einem Aschenhäufchen ein.

## XVIII.

Junge Nachtigall, du ordnest
Deine Töne nach und nach
Und ein süßeres Geflöte
Lehrt dich jeder neue Tag.
Leise bebst du noch zusammen
Vor jedwedem hellen Laut,
Bis dich machte mit den Flammen
Deiner Brust der Mai vertraut.

Ach, so meiner Zeit der ersten
Dichterliebe denk' ich auch.
Sie war blöd und karg in Tönen,
Fast ein Seufzer nur und Hauch.
Doch schon nach dem ersten Kusse
Wuchs allmälig mir der Muth,
Bis im ersten Lied' bekannte
Ich die tiefe, volle Gluth.

## XIX.

Spricht leise Klag' aus deinem Blick,
Daß dir des Lebens Lenz entflogen,
Dein Himmel herbstlich sich bezogen,
Daß du, einst Vöglein flügg und quick,
Nun flatterst mit gelähmten Schwingen
Und dir kein Lied mehr will gelingen?
O halt' die Klage still zurück!

Sein Schooßkind nannte dich das Glück
Und ließ, wo Dornen And're stechen,
Dich schmerzlos Ros' an Rose brechen;
Dir lächelte der Liebe Blick;
Die Herzen schlugen dir entgegen,
Sein Füllhorn leerte dir der Segen.
Denk' nun im Leid daran zurück!

Beklagt der Gärtner sein Geschick,
Wenn Blüthen sich in Früchte kehren
Und grüne Saatgefild' in Aehren?
Dein Herz ist Gottes Ackerstück;
Wußt' hier es guter Frucht zu warten,
Dann ruht es aus in Gottes Garten.
Denk nun im Alter dran zurück!

## XX.

Ich habe nicht um dich geweint,
Als du die Treue mir gebrochen;
Ich fühlte fast mein Herz versteint,
Als du aufs Neue dich versprochen.

Doch als ich todt dich und erbleicht
In deinem Leichenhemd sah liegen,
Da erst ward mir das Auge feucht
Beim tiefen Gram in deinen Zügen.

## XXI.

Läut' nicht mit fremdem Glockenstrang;
Gieb uns dich selber im Gesang,
Gieb uns, was uns erfrischen mag;
Gern hört sich kräft'ger Flügelschlag,
Denn die Blasirten, Matten, Lauen
Kann man auf jeder Gasse schauen.

## XXII.

Wer hätte nicht in jungen Tagen
Gelauschet dem Sirenenlied,
Bereit zu tragen und zu wagen,
Was heißes Jugendblut ihm rieth?
Des Tages Lärmen scheuchte fort
Der todten Mutter Bild und Wort.

Vergessen waren ihre Lehren,
Verschollen, wie in weite Wüst',
Das herzdurchdringende Beschwören
Des Mund's, den ihr so oft geküßt,
Samt den Gelübden, die ihr spracht,
Als weinend ihr zu Knien ihr lagt.

## XXIII.

Hoch schwebt der Aar in majestät'scher Stille
Im blauen Raum;
Achtlos der Erde, trinkt er Sonnenfülle
Und regt sich kaum.
Urplötzlich schlägt die Luft er mit den Flügeln
Und schießt zur Erd.
Er kann den Trieb nach Beute nicht mehr zügeln,
Der ihn verzehrt.
Das ist des Dichters Loos. Auf Liebesschwingen
Steigt er empor;
Die Lockungen der Erdenwelt verklingen
Vor seinem Ohr.
Doch Lebensdrang, der Sorge heißes Toben
Ziehn ihn zurück,
Doch immer wieder sehnsuchtsvoll nach Oben
Kehrt sich sein Blick.

## XXIV.

Wie die Perle in der See
Sich gebiert aus Wunden
Und in immer schärferm Weh
Voller sich muß runden:

Lasse so auch durch den Schmerz
Krankes von dir scheiden,
Bis verklärt erscheint dein Herz
In der Gluth der Leiden.

# II.

# Lenz und Liebe.

## I.

Ein dunkler Adler, schwebet
Der März in's Land herab;
Sein Flügelschlag belebet,
Was lag in Tod und Grab.

Er jagt den Tod, den kalten,
Im Sturme vor sich her;
Bei seiner Schwing' Entfalten
Erwachen Erd' und Meer.

Durch seine Wolkenflügel
Wie Lenzesahnung schaut
Die Sonne auf die Erde,
Die stille, harr'nde Braut.

II.

Ei, was fährst du, Sonnenschein,
Mir so heimlich heute
Mitten in das Zimmer ein?
Sag, was es bedeute?

Küssest mich mit heißem Kuß,
Blendest mich verwegen,
Daß ich Buch und Feder muß
Gar zur Seite legen.

Machst du es dem Liebchen nach,
Das ich dulden müssen,
Schleicht es leis' in mein Gemach
Und mich herzt mit Küssen?

Willst du, lieber Sonnenschein,
Daß sie komm', ihr sagen,
Will ich deiner Küsse Pein
Gern mit ihren tragen.

III.

Wär' es auch die letzte Thräne,
Die der Tod vom Aug' mir küßt,
Wären's auch die letzten Töne,
Die er mir im Mund' verschließt:

Immer muß ich von dir singen,
Um dich weinen immerdar,
Märchenhaft Herüberklingen
Erster Lieb' im jungen Jahr!

Seiner Reize ganze Fülle
Goß das Leben mir in's Herz;
Zu Gesängen ward die Stille,
Zum Genusse ward der Schmerz.

Nächte, reich an Kunst und Wissen,
Hat das Alter mir gebracht.
Viele Nächte wollt' ich missen
Um die erste Liebesnacht.

## IV.

Wer nicht hören will, muß fühlen!
Rief das Liebchen einst, als ich
Abends sie hatt' warten lassen:
Für dein Säumen straf' ich dich
Und sie — kam und küßte mich.

Lachend ihrer süßen Strafe,
Dacht' ich in vermessnem Muth:
Laß sie nur; sie kommt wohl wieder;
Solch verliebtes, junges Blut
Weiß, wie wohl das Küssen thut.

Wer nicht hören will, muß fühlen.
Ach, nun trifft das Wort mich schwer!
Denkt nur, sie thut schön mit Andern
Und mir giebt sie kaum Gehör
Und sie kommt und küßt nicht mehr.

## V.

Sagt, hat nach wildem Zechgelage,
Als Mitternacht euch schlaflos fand,
Es euch umweht, wie leise Klage,
War's euch, als läge eine Hand
Auf euerm Haupte und als reich'
Ein Geistermund sich küssend euch?

So hab' ich's eine Nacht erfahren.
Wer's war? — Ich weiß es nicht bis heut.
Doch ward vom Leichtsinn ich seit Jahren
Durch jene Geisternacht befreit.
Bald so, bald so geformt, sind nah
Uns Mahner, die kein Auge sah.

VI.

Zugvögel ziehn in Herbstesnacht
Fern über Berg' und Seen
Dahin, wo manches Eiland lacht
Und Sonnenlüfte wehn.
So schieden Freunde auch von mir,
Als mich verließ das Glück
Und klopften an des Reichen Thür
Und sahen kaum zurück.

Wenn auch in Winterkälte gleich
Das Lied der Vögel schweigt,
Hüpft doch durch blätterlos Gezweig
Schneeammer froh und leicht.
So bleibt mir Ein's in Lebensnacht,
Wie einsam sie auch sei:
Bewußtsein, das mich nicht verklagt
Um Bruch von Lieb' und Treu.

VII.

Wie ist mir nur geschehen?
Ich sinn' ihm immer nach,
Seit ihn ich hab gesehen
Und hörte, was er sprach.

Des Tags zu jeder Stunde
Klingt mir im Ohre fort
Das Wort von seinem Munde,
Wie eines Engels Wort.

Er sprach kein Wort von Lieben
Und doch im Aug' ihm stand
Sein Flehn so klar geschrieben,
Als hätt' er's mir genannt.

Er hätt's wohl können wagen
Zu sprechen, wie ihm ist;
Ich kann's ihm ja nicht sagen
Und wenn ich sterben müßt.

VIII.

Die Schöpfung ruht, umhüllt vom Sternenschleier,
Daraus nur leis' ihr Odem scheint zu ziehn,
Indeß die Nachtigall mit Liebesfeuer
Verströmet ihre süßen Melodien.

Die Rose schließt den Kelch und wiegt sich träumend
Im Liebeshauch', der, mildem Thaue gleich,
Bald sehnsuchtsvoll, bald jauchzendschnell, bald säumend
Hernieder sinkt durch Blätter und Gezweig.

Die Frühe strahlt, die Nacht hat weichen müssen.
Die Säng'rin schweigt, die Ros' erwacht und fühlt,
Wie Sonn' und Zephir liebeheiß sie küssen
Und buhlend sie der Schmetterling umspielt.

Sie horcht den Tönen noch, die ihr erklangen,
Sie widert jeder Kuß, den sie empfängt;
Nach jener Säng'rin steht ihr heiß Verlangen,
Sie welkt dahin, das ros'ge Haupt gesenkt.

So, seit ich Nachts im Arme dich gehalten,
Ist, da du fehlest, mir verhaßt der Tag;
Mich lassen kalt die lieblichsten Gestalten;
Mir ist so weh, daß ich's nicht sagen mag.

## IX.

Draußen, wo die Veilchen sprießen,
Rosenkelche sich erschließen
Und die Nachtigallen grüßen:
Da im Bilde
Herrscht die Schönheit, Lieb' und Milde.

Draußen, wo die Stürme sausen,
Wo die Weih'n und Adler hausen
Und die Donner roll'n und brausen:
Da im Werke
Ist die Kühnheit, Freiheit, Stärke.

Drum hinaus nur in das Freie,
Daß das Herz sich dort erneue,
Daß es werde gleich dem Maie
Und sich's bilde
Beides, kräftig und auch milde.

## X.

Du schöner Bogen in der Luft
Mit deinen sieben Farben
Und mit dem eingewob'nen Duft
In blaue Wolkengarben:

Du wölbst dich wie ein Friedenshaus
Ob ihrer Hütt' im Thale.
Wann gießest über mich du aus
Des Friedens volle Schale?

## XI.

Ich sah sie wieder, die ich still geliebt
Und die ein Schicksal frühe mir entrissen,
Eh' sie um meine Liebe konnte wissen.
Das ist die Frucht, wenn man das Glück verschiebt!

Mit heit'rer Mild' und unbefang'nem Blick
Trat sie am Arm' des Gatten mir entgegen;
Ich fühlte mein' in ihre Hand sich legen,
Hört' ihren Gruß und sah im Aug' ihr Glück.

Noch einmal fühlt' ich tief, was ich verlor
Und hörte dann nur Eine Stimme tönen:
O laß, mein Schmerz, dich durch ihr Glück versöhnen!
Und ruhig sah ich dann zu ihr empor.

XII.

Gieb mir einen Kuß o Mädchen,
Daß ich dein Herzliebster sei! —
Gieb mir einen Ring o Knabe
Als ein Pfand von deiner Treu!

Meinen Ring hab' ich zerbrochen,
Hab zum Goldschmidt ihn gebracht
Und der hält ihn fest verwahret
Weit von hier der Meilen acht.

Lieber Knabe, fest verschlossen
Zwischen Lippen, liegt mein Kuß;
Meine Mutter trägt den Schlüssel
Zwanzig Meilen überm Fluß.

## XIII.

Als draußen Rosen blühten,
Du warest nicht dabei;
Du weiltest fern im Süden
Und trauernd schwand der Mai.

Nun Silberrosen funkeln
Am Fenster läßt der Nord,
Nun kommst du an im Dunkeln
Mit Kuß und Liebeswort.

Ich hab' es nun verstanden,
Was du gesagt, wenn oft
Im März wir Veilchen fanden:
Der Lenz komm' unverhofft.

XIV.

Ich hab es wohl empfunden,
Was du mir ewig bist
In jenen sel'gen Stunden,
Da mich dein Mund geküßt,
Da mir dein Wort und Blick enthüllt,
Was Seelen heiligt, Schmerzen stillt.
Ich hab es wohl empfunden,
Was du mir ewig bist.

Wer könnte dein vergessen,
Der einmal dich geliebt?
Ob ich die Welt durchmessen,
Genossen, was sie giebt:
Ich hör und seh von Nord nach Süd
Nur dich in Schöpfung, Bild und Lied.
Wer könnte dein vergessen,
Der einmal dich geliebt?

Wie könnt' ich dich beweinen,
Als dir das Auge brach?
Du lebst ja bei den Deinen
Den ew'gen Sonnentag.

Und wie ich auf der Erde dein,
So denkst du unter Engeln mein.
Wie könnt' ich dich beweinen,
Als dir das Auge brach?

XV.

Weit hinaus in seine Fülle
Zieht der Frühling meinen Blick
Und doch kehrt das Herz mir stille
Wieder in sich selbst zurück.

Denn ein Bild hat eingedrücket
Sich in's Herz und drin verhüllt.
Alles, was der Lenz mir schicket,
Beut mir reicher noch das Bild.

## XVI.

Der Lenz schwingt um die Wette
Sein Lebensbanner schon;
Selbst auf der Ruhestätte
Der Todten steht sein Thron.

Die Trauerweiden gießen
Herab den letzten Schnee,
Die Epheuranken sprießen
An Urnen in die Höh.

Syringenknospen springen;
Der dunkle Taxus rauscht,
Als woll' er Botschaft bringen
Dem Halm, der drunter lauscht.

Die goldne Schrift der Steine
Noch jüngst in Schnee gehüllt,
Erglänzt im Frühlingsscheine
Wie ein Verheißungsbild.

O spüren gar sein Düften
Die Todten unterm Schnee?

Es sprossen aus den Grüften
Die Gräser in die Höh.

Das Todte selber dienet
Dem Lenz, dem neuen Herrn;
Das alte Moos ergrünet
An Kreuzen nah und fern.

Wie grünende Oasen
Stehn Gräber rings im Schnee,
Als ob durch ihren Rasen
Der Hauch der Todten weh.

Hast Lenz du selbst den Todten
Solch mystisch Auferstehn
Aus ihrer Gruft geboten
Durch dein allmächtig Wehn:

Was Wunder, daß das Leben
Dir rauscht und singt und wallt
Und ich muß freudig beben,
Wenn deine Stimm' erschallt?

XVII.

Rosen hat der Lenz die Fülle;
Wie sie blühen fern und nah!
Stehn in voller Rosenhülle
Himmel nicht und Erde da?
Rosen ruft er allerwärts,
Mir sogar in's dunkle Herz.

## XVIII.

Waldlilie koset
Mit wilder Ros',
Der Waldbach toset
Um ihren Schooß.

Es neigt mit Flüstern
Die schwarze Tann
An grüne Rüstern
Sich heimlich an.

Was Jene klingen,
Was Bach wohl spricht?
Ich glaub, sie singen
Ein Lenzgedicht.

## XIX.

Einen leichtbeschwingten Boten
Sendet uns der Frühling zu,
Ihn, den Ersten von den Todten,
Die er weckt aus ihrer Ruh.
In den farbigen Gewanden
Schwebt er durch die blauen Höhn;
Sind auch Blumen nicht vorhanden,
Hofft er doch, daß sie erstehn.

Hoffnung löset dir die Flügel,
Schmetterling, und Werdelust
Hebt hoch über Thal und Hügel
Deine ahnungsvolle Brust.
Zeigst du, Lenz, ob selbst vergänglich,
Uns in ihm symbolisch an
Leben, das einst überschwänglich
Auch dem Tod' gebieten kann?

## XX.

Vieles hab' ich schon von dir,
Reiches Liebchen, Kett' und Ringe,
Uhr und Dos' und tausend Dinge
Und noch stets ersinnst du neu,
Was mir lieb und nöthig sei.

Alles das entzückt mich nicht;
Mögen's And're hoch erheben.
Giebst du mir von deinem Leben
Süßerröthend nur Ein Stück,
Gäb' ich Jenes gern zurück.

Eine Locke deines Haars,
Dessen weiche, duftge Schleier
Wärmte deines Busens Feuer
Und das deiner schönen Hand
Lebenswarmen Druck empfand.

## XXI.

Welch ein innres Singen,
Frohe Werdelust?
Willst du offenbaren,
Lenz, dich meiner Brust?
Wie den Himmel spaltest
Du mit leichtem Strahl,
Daß du so entfaltest
Auch das Herz einmal?

Wie du Blumen lockest
Aus der Erde bunt,
Lieder so und Träume
Aus des Herzens Grund?
Ja, dir Frühling schmückt sich
Nun die Erd' als Braut
Und im Freund' der Braut wird
Ihre Freude laut.

## XXII.

Du hast so vergängliche Blüthen
Und bist doch ein lust'ger Gesell
Und selber dein Trauern und Stürmen
Verwandelt in Lächeln sich schnell.
O lehre, Lenz, mich genießen
Das schwindende Leben also
Und will es mich einmal verdrießen,
Mach du mich, o Lenz, wieder froh.

## XXIII.

Was zürnst du, daß ich stehe
Vor deinem Fenster früh
Und stummen Auges flehe:
Erscheine, o Marie!
Ich will ja still nur sehen
In dein verzehrend Aug;
Darf doch zu Sonnenhöhen
Die Rose schaun vom Strauch.

Was zürnest du, daß leise
Mein Lied an dich erschallt?
O hört des Vogels Weise
Geduldig doch der Wald.
Es gilt nur deinem Preise
Des Liedes Abendgruß,
Gleich wie der Lerche Weise
Den Lenz besingen muß.

XXIV.

Vor mir liegt ein stilles,
Warmes Maienthal.
Säh' ich doch dem Mädchen
So in's Herz einmal!

Die Natur ist offen,
Wesenhaft, enthüllt,
Doch das Herz ein ewig
Wechselnd Nebelbild.

## XXV.

O ständest du als Blume
Verzaubert tief im Wald,
Ich glaube, meine Liebe
Verwandelte dich bald.

Ich küßte deine Blätter
Und deinen Blumenmund,
Dann wandelten wir selig
Allein im tiefen Grund.

## XXVI.

Abends, wenn du sangst im Garten
Oder drinnen am Klavier,
Dichtete ich meine Lieder
Und so dank' ich sie nur dir.

Sollen Seelen sie bewegen,
Sollen Leben sie empfahn,
Segen, Frische, Kraft und Leben:
Singe sie, so ist's gethan.

## XXVII.

Du bist ein leibgewordner Schein
Ital'scher Morgenröthen
Und eine Ros', in Fleisch und Bein
Gezaubert vom Poeten.

Du bist ein schöner Engeltraum
Bei Nachtigallgeflöte;
Ein schön'rer Traum war Mignon kaum
Und Klärchen nicht bei Göthe.

Du bist ein plastisch Liebeslied,
Das Gott der Herr gesungen;
Wohin es tönt in Nord und Süd,
Fühlt sich das Herz bezwungen.

## XXVIII.

Es blühn auf deinen Wangen
Zwei Rosen, schön wie Mai,
Es blühn dir unterm Mieder
Schneeweißer Lilien zwei;
Es lächeln aus den Augen
Dir Veilchen treu und blau:
O Mädchen, du bist wahrlich
Wie eine Blumenau.

## XXIX.

Liebe ist der goldne Faden
Durch des Lebens Labyrinth,
Den der Himmel uns in Gnaden
Seit den ersten Tagen spinnt.

## XXX.

Der Lenz ruft die Kapelle
Und leise stimmt sie schon.
Die Staare zwitschern helle,
Die Lerche sucht den schönsten Ton.
Die Schnee- und Maienglocken
Beginnen ihr Geläut
Und Fink und Meise locken
Mit Liebestönen ihre Bräut'.

Die Nachtigallen flöten,
Die Turteltaube lacht;
Welch Jodeln und Trompeten
Ist rings im Walde aufgewacht!
Der West zieht durch die Reiser
Wie Windesharfenklang;
Bald lauter und bald leiser
Durchtönt's die Lüfte, wie Gesang.

Daß der vieltön'gen Weise
Nicht fehl' der tief're Ton,
Rollt, wie verloren, leise
Aus ferner Wolk' ein Donner schon. —

Mein Herz, darfst du denn schweigen?
Der Frühling ist ja dein.
Stimm ein in seine Reigen
Berauschet, wie von jungem Wein!

## XXXI.

Ich habe drei Schätzchen:
Mein Schwert und mein Pferd
Und dazu ein Liebchen,
Dem ich und sie werth.

Und ließ' ich mir nehmen
Im Kampfe die Zwei,
Verlör' ich, ich weiß es,
Das Liebchen dabei.

Drum wollen wir leben
Und sterben zugleich,
Wie's Glied mit dem Leibe,
Das Blatt mit dem Zweig.

## XXXII.

Du mußt nun in die Fremde gehn!
Dein's Bleibens ist nicht mehr
Und sollt'st du mich nicht wiedersehn,
So gräm' dich nicht zu sehr.

Was soll ich in der Fremde thun?
O Lieb, das sag mir an.
Die Sonne brennt am Himmel nun,
Daß ich nicht wandern kann.

Und brennt die Sonn' am Himmel so,
Daß du kannst wandern nicht,
So kannst du bis zu Nacht ja ruhn
Und gehn im Mondenlicht.

Im Mondlicht' find' ich wohl den Steg,
Doch nur, o Lieb, zu dir. —
Find'st du zur Fremde nicht den Weg
Bei Sonn' und Mond? — Bleib hier!

## XXXIII.

Wenn in grauer Vorzeit Tagen
Zweifelten die Heil'gen je,
Kam ein Engel, sie zu tragen
Wieder auf des Glaubens Höh.

Ob uns noch die Engel dienen?
O ich zweifle länger nicht,
Seit du liebend mir erschienen,
Holdes Himmelsangesicht!

## XXXIV.

Mein Rößlein trabt voll Freude
Den grünen Berg hinan.
O Welt im Maienkleide,
Wie lächelst du mich an!

Das ist's, daß sie so selig
Mein denkt auf jenen Höhn.
Drum ist das Herz so fröhlich,
Drum ist die Welt so schön.

## XXXV.

Meieli, dein Mund ist still,
Doch dein Auge spricht,
Aber was es sagen will,
Deut' ich mir noch nicht.

Da auf einmal ward's mir kund
Und ich kam zum Schluß,
Denn für's Auge gab dein Mund
Antwort durch den Kuß.

## XXXVI.

In duft'ger Waldesgrotte,
Im tiefverschwiegnen Hain
Sitz' ich, wo Tannen schwanken,
Mit Einem ganz allein.

Das Eine, das ich halte,
Es ist dein süßes Bild,
Das mir die ganze Seele
So Tag wie Nacht erfüllt.

Dein Bild hat Liebeslächeln,
Dein Auge strahlt wie Licht;
Warum hast du das Alles
Für mich, für mich nur nicht?

## XXXVII.

Laß Blumen, Wald und Vöglein lauschen;
Sie sah'n es ja schon tausendmal,
Wenn wir verliebte Küsse tauschen.
Sie lachen, Liebchen, deiner Qual.

Die stillen, duft'gen Waldesblumen,
Sie kennen unsre Liebe lang,
Die dunkeln Laubengänge hörten
Schon öfter unsern leisen Gang.

Die Waldesvöglein alle singen,
Was unsre beiden Herzen schwellt.
Der ganze Wald weiß das Geheimniß,
Doch er verräth es nicht der Welt.

O Wald, ich les' in deinem Schweigen
Geheime Lust und Mitgefühl,
Denn Vöglein und Dryaden treiben
Ja auch in dir ihr Liebesspiel.

# III.

# Geistliches.

## 1.

Eine stille Jungfrau schwebt,
Heiß den Blick nach Oben,
Von der Erde himmelan
Wunderbar gehoben.

Herrlich waltet sie, wo ihr
Engelherzen brennen.
Unten auf der Erde läßt
Sie sich Andacht nennen.

II.

Ich sucht' auf allen Wegen
Nur Ein's und ging ihm nach.
Ich fühlte tief, daß Eines,
Das Eine mir gebrach.

Ich sucht' auf allen Wegen
Umsonst bergab, bergan;
Da schlich's, wie leiser Regen
In Frühlingsnacht, heran.

Wie frischer stehn die Rosen
Und stehn in Fülle satt,
So schlägt mein Herz erfrischet,
Seit es das Eine hat.

Das ist in Gott der Frieden,
Das ist in ihm das Ruhn!
Das preise ich im Liede
In Tod und Leben nun.

III.

Der Samstag ist so feierstill,
So still die grünen Saaten,
So still das Dorf, der Wald so still,
So still der Menschen Thaten!
Und wunderstill ists auch hinein
In meines Herzens Tiefen.
Es ist, als ob heut' Wunsch und Pein
Im Felsengrabe schliefen.

IV.

Ein Dulder kommt gegangen
Und segnet Stadt und Land.
Man schlägt ihn auf die Wangen
Und nimmt ihm das Gewand;
Man höhnt ihn auf der Gasse
Und schließt vor ihm die Pfort';
Er seufzt ob solchem Hasse
Und wandelt segnend fort.

Es sprießt ihm unterm Fuße
Still Blum' an Blume reich;
Es wird bei seinem Gruße
Die harte Seele weich.
Sein Tröſten dringt zu Herzen,
Wie Thau kühlt sein Gebet
Der Seelen heiße Schmerzen,
Wenn er vor ihnen steht.

Der König, dem er dienet,
Hat einst, wie er, gethan,
Darum auch blüht und grünet
Sein Herz auf gleicher Bahn.

Der Geist des Königs waltet
In ihm zu jeder Frist;
Die Lieb' ist's, nie erkaltet.
Der Dulder ist der Christ.

## V.

Altes Kirchlein tief im Thal
Unterm Blüthenschleier,
Lockest du mich auch einmal
In die Morgenfeier?

Wie mit Blut besprenget stehst
Du in rothen Blüthen;
Hast du ein noch schön'res Blut
Drinnen mir zu bieten?

Ja, auf deinem Altar quillt
Blut des Weltversöhners
Als der ew'gen Liebe Bild,
Bild des Leidenkröners.

## VI.

Wenn in Gott ich selig bin,
Kann in ihm ich Alles wagen!
Jede Nacht soll in mir tagen,
Jeder Kleinmuth fahre hin;
Wenn in Gott ich selig bin,
Schweigen alle meine Klagen;
Alles kann in ihm ich wagen,
Wenn in Gott ich selig bin.

VII.

Du bist der Frühling meiner Seele,
Die ganz in sich erstorben ist;
Du bringst in diese Grabeshöhle
Dein Licht und Leben, Jesu Christ!
Ich hab' der Welt Valet gegeben
Und bin ihr auch von Herzen gram,
Denn sie gab Tod mir für das Leben,
Bis ich voll Wunden zu dir kam.

Sie, die mich schlug, wollt' mich nicht heilen,
Sie ließ mich in der Wüst' allein.
Du kamst, um meinen Schmerz zu theilen,
Gabst in die Wunden Oel und Wein;
Du warst der milde Samariter,
Der herzlich meiner sich annahm,
Bliebst des Verirrten treuer Hüter
Und trugst und führt'st ihn wundersam.

O du so rein und ich so sündig,
Demüthig du und ich so stolz,
So weise du, ich ganz unmündig,
Der Weinstock du, ich dürres Holz;

Du stark und ich so voll Gebrechen:
Ja, du bist Alles, ich bin Nichts!
Zu wem denn sollt' ich flehn und sprechen,
Als nur zu dir, dem Quell des Lichts?

## VIII.

All' ihr duft'gen Lenzeskinder
Um mich her, ihr seid nicht stumm,
Denn auf euern bunten Blättern
Steht ein Evangelium,

Das von einem Auferstehen
Und von ew'gem Lenze spricht
Und des Vaters Lieb' und Gnade
Deutsam in die Blumen flicht.

## IX.

Die Rose wartet stille
In Sturm und Märzesschnee;
Sie weiß, es kommt die Stunde
Wo doch sie aufersteh.

Da pocht an's Knospengitter
Der Frühling über Nacht
Und Thau und Sonne küssen
Sie Morgens auf in Pracht.

Nun ist es Mai, nun wiegt sie
Das schöne, ros'ge Haupt
Und flüstert froh und leise:
O selig ist, wer glaubt!

## X.

O was soll der Gram, der trübe,
Menschenherz, dir in der Brust?
Athm' einmal die vollste Liebe
Und die vollste Daseinslust.

Ueber Schutt und Moder ranke
Freude, wie die Blüthen, hin
Und ein göttlicher Gedanke
Throne dir in Haupt und Sinn.

## XI.

Die Erd' im Lenz gleicht einer Braut;
Es gleicht die Braut dem Lenze.
Der Himmel, der sie beide traut,
Beut ihnen seine Kränze.

Am schönsten hab' ich sie erschaut,
Am klarsten sie gedeutet
Wenn für die Erd und Jungfrau Braut
Die Kirchenglocke läutet.

Wenn diese zur Kapelle geht
Im jungen Myrtenkranze
Und über Jener leuchtend steht
Der Tag des Herrn im Glanze.

## XII.

Wie die saft'gen Ranken klimmen,
Wie sie schwanken ab und an
Und gegliedert dann verschwimmen,
Bis sie trennt ein neuer Bann.
Ob sie vielgetheilt und los,
Wurzeln sie im Mutterschooß.

Schwanken so nicht hin und wieder
Lehrgehalt und Konfession?
Bald verein'gen sich die Glieder,
Bald sind feindlich sie geflohn.
O bedächten beide blos,
Daß sie trug Ein Mutterschooß.

## XIII.

Die Harfe spielt der Morgenwind,
Es orgelt drein der Wald;
Durch Orgelton und Harfenklang
Wandl' ich, indessen leise
Mein Morgenlied erschallt.

Von einer Liebe singt mein Lied,
Die Mensch und Engel preist,
Die für sie starb und ewig lebt
Und Herz und Welt beseelend
Die Liebe Gottes heißt.

## XIV.

O stehe nicht in Sorgen!
Du stehst in Gottes Hand.
O sieh empor zum Morgen,
Der längst um dich entbrannt.
Denk' nicht an Nacht und Qualen,
Indeß in hellen Strahlen
Der Morgen steigt in's Land.

# IV.

# Nachtstimmungen.

## I.

Leben schweigt!
Sieh das Licht geheim zerfließen
Und zum letzten Mal begrüßen,
Was sein brechend Aug' erreicht.
Leben schweigt.

Ruhe sinkt!
Vom balsamischen Gefieder
Gießt sie Schlaf und Träume nieder.
Selig, wem sie zugewinkt,
Wer sie trinkt.

Schlaf und Traum!
Tropfen aus dem Meer der Liebe,
Aether in der Dunstluft Trübe,
Süßer Hauch vom Lebensbaum:
Schlaf und Traum!

Schwebt herab
Göttlicher Erbarmung Kinder,
Todesschmerzenüberwinder,
Schwebet mit dem Zauberstab
Leis' herab.

II.

Aus dem grauen Klosterbau
Heult die Eul' hernieder;
Thalwärts tönen aus der Au
Nachtigallenlieder
Und vom Klosterthurm erschallt
Eine Glocke durch den Wald.

Leise Stimmen ihr der Nacht!
Dreifach ernster Mahnung:
Neben sel'ger Liebesmacht
Dunkle Todesahnung; —
Doch der Glaube übertönt
Lieb' und Tod, die er versöhnt.

III.

In dieser goldnen Dämmerung
Sind viele Glocken wach.
Sie läuten ein den Frieden,
Sie läuten aus den Tag.

Ihr duft'gen Blumenglocken all',
Ihr Glocken der Kapell
Und du o Glock im Herzen,
Wie läutet ihr so hell!

IV.

Leise summt es in Gewässern
Durch die mondlos laue Nacht.
Ist es wohl das erste Ständchen,
Jungem Lenze dargebracht?

Nackte Baumessprossen flüstern
Wie mit leiser Geisterzung'
Und dann stehn sie wieder schweigend
In der lauen Dämmerung.

Unsichtbare Säfte kreisen
Auf und ab durch Stamm und Zweig;
Wandervogelschaaren ziehen
Droben durch der Lüfte Reich.

Alles Leben, das erstarrte,
Steigt vom Winterschlaf empor;
Wie ein leises Athemholen
Summt der Auferstehung Chor.

Wie geheim für den Geliebten
Eine Braut sich schmücken läßt,

So in stiller Nacht bereitet
Wird dem Lenze nun sein Fest.

Herrlichkeit sproßt aus der Wüste,
In die Schatten stellt sich Licht;
Aus dem Tode bricht das Leben,
Aus dem Traum ein Lenzgedicht.

Könnt' ich der Erscheinung Kräfte
In des Meisters Werkstatt schaun, —
Tiefer noch anbetend nieder
Sänk' ich unter süßem Graun.

V.

Es seufzen die Zypressen
Im Nachtwind' um die Gruft;
Ein Kranichzug zieht droben,
Der nach der Heimath ruft.

Mein Herz gleicht den Zypressen
Und Kranichzuge dort.
Es seufzt an frühen Gräbern
Und sucht den ew'gen Port.

## VI.

Es streicht das Wildgeflügel
Scheu durch die Haide hin;
Mir fahren ohne Zügel
Gedanken durch den Sinn.

Es hält mit welken Blüthen
Der Sturm die wilde Jagd.
Das Herz kann nicht mehr hüten,
Was sich verlor in Nacht.

O Haide, daß du blühtest
Erst in dem rothen Kleid!
Herz, daß du wieder glühtest
In Maienherrlichkeit!

## VII.

Als ich der Mutter lange Sterbenacht —
Bewußtlos lag sie schon und röchelt' leise —
In stummem Schmerz und schlummerlos durchwacht,
Vernahm ich eines Peudels gleiche Weise
Und Nichts, als jenen Ton die ganze Nacht.

Die Uhr ward mein. Sie geht denselben Gang,
Wie einst in jener Nacht vor langen Jahren.
Zu Zeiten schläft im Ohr eintön'ger Klang,
Wie Jeder wohl im Leben hat erfahren.
Ich hört' ihn Tages nicht in Lärm und Drang.

Erloschen völlig schien mir dann zu sein
Erinn'rung an die Todt' und jene Stunden;
Doch bricht die Nacht mit ihrer Stille ein,
Bringt mir die Uhr von Beiden wieder Kunden:
Ich höre jenen Sterbelaut von Neu'n.

Dank sei der Mahn'rin, theuer mir und werth!
Sie hat mir oft des Lebens Ernst verkündet,
Hat, wie die Mutter, dulden mich gelehrt,

In Liebe wirken, eh das Leben schwindet
Und ich den Ton zum letzten Mal gehört.

So hat das Leben Mahner uns gestellt.
Laßt uns, auf sie zu achten, nicht versäumen!
Bald sind es Stimmen aus der Menschenwelt,
Bald ists ein Bild, ein Buch, ein Grab, ein Träumen,
Bald ists ein Ton, der, wie vom Jenseits, fällt.

## VIII.

Es wallt und weht wie Nachtgebet
Weit durch der Schöpfung Schlummerstätt;
Das Leben ist geschieden.
Mich hält nur Ein's, nur Ein's noch wach:
Dein holdes Bild, mein sehnend Ach
Und diese Welt voll Frieden.

## IX.

Aus der Schule Fenstern tönen
Süße Mädchenmelodien
Und der Kantor' spielt die Weise
Und ich lausche still im Grün.

Weidenflöten, Heerdenglocken,
Nachtigallgesang im Hain
Und die schwirrenden Cicaden
Stimmen in die Lieder ein.

Fern erschallt das Abendläuten
Der Kapell im Eichengrün,
Indeß singend mit den Dirnen
Junge Hirten heimwärts ziehn.

Aus der Gruft verklungner Tage
Steigst du Bild der Kinderzeit,
Doch dich grüßt nur meine Klage:
Wie bist du so weit, so weit!

## X.

Vom Himmel glänzt der Sterne Schein,
Die Wellen flüstern sacht.
O komm, laß selig und allein
Uns wandeln durch die Nacht!
Dort fühlen wir mit süßem Graus
Uns vor der Welt verhüllt,
Dort tauschen wir vertraulich aus,
Was uns die Seele füllt.

Wo Alles um uns schläft und träumt
Mit leisem Athemzug
Und nur des Rheines Welle schäumt,
Sind wir uns selbst genug.
Vom Frieden um uns schauen wir
Dann jenen reichern an,
Den mein Herz dir und deines mir
Im Innern aufgethan.

## XI.

Es zürnte einst der laute, glühnde Tag
Der stillen Nacht mit ihren dunkeln Schwingen
Und beide huben heftig an zu ringen
Mit Lichtblitz er und sie mit Flügelschlag.

Da stellte sich ein Engel zwischen sie
Und mühte sich der Nacht tiefdunkle Schatten
Leis' mit des Tages hellem Glanz zu gatten
Und nicht umsonst war des Versöhners Müh.

Sein Schein floß hellend in die dunkle Nacht
Und mildernd sie in seine Feuerflammen;
So zeugten eine Tochter sie zusammen,
Die Dämmrung und das Streiten war vollbracht.

Noch immer sühnt die Dämmrung und vereint,
Was Leidenschaft und Tageslärm geschieden.
Getrennter Liebe bietet sie den Frieden,
Daß Herz und Herz doch still zusammen weint.

## XII.

Trinkt fort die Nacht, ihr tollen Zecher!
Nur mich laßt träumen still und wild;
Doch reicht mir dann den leeren Becher,
Denn er ist meines Lebens Bild.

Dir bring' ich ihn, fällt auch vergebens
Die Schmerzensthrän' in ihn hinein,
Daß du im Becher meines Lebens
Der süße Wein nicht wolltest sein.

Nun, Kelch, zerbrich in tausend Scherben!
Ich schleudre dich zu Boden hin.
So brachest du zu frühem Sterben
Mein Herz, du süße Henkerin!

## XIII.

Ein Gärtchen liegt im Mondenschein;
Ein Hügel steht dadrinnen,
Den fassen ringsum Blumen ein,
Dran Thauestropfen rinnen.

Im Gärtchen, das du still gepflegt,
Bis dir das Haar ergraute,
Hat man ins Grab dich nun gelegt
Inmitten Blum und Kraute.

O schlafe hier, Altmütterlein,
Den Schlummer der Gerechten,
Bis dich der Herr als Blume ein
Zum Lebenskranz' wird flechten.

# V.

# Am Meere.

1.

Du Kind des Sturms, o Welle,
Die du auf goldnem Sand
Zerschellst an dieser Stelle,
Woher kommst du gerannt?

Sprich mir von jenen Weiten,
Drin sich der Blick verliert,
Wo Fluth und Wind sich streiten,
Wer Ruh und Sturm gebiert,

Wo still, vom Mond' beschienen,
Allein in Fern' und Näh,
Die singenden Undinen
Auftauchen aus der See.

Sprich, bringst du keine Sagen
Von Nordens Dünenstrand
Und keine Liebesklagen
Von ferner Felsenwand?

Mir ist, ich hör' dich singen
Vom Schiffe, das versank,
Von weißer Arme Ringen,
Die Jünglingsarm umschlang;

Von rosenrothen Lippen,
Die du geküßt einmal,
Eh sie gebleicht an Klippen
Der Sonne glüh'nder Strahl;

Von schwimmendem Gefängniß,
Worin die Kette klingt
Und, trotzend der Bedrängniß,
Ein Arm das Ruder schwingt;

Von Wanderern nach Westen,
Die auf des Schiffes Bord
Die Hände seufzend preßten
Und sahn zurück zum Port. —

Du bist ja nun zur Stelle
Und kannst vom Laufe ruhn;
Erzähle mehr, o Welle,
Von deinen Fahrten nun. —

Doch sieh, schon längst getrunken
Hat sie der durst'ge Sand;
Nur matte Silberfunken
Glühn, wo die Welle schwand.

II.

Wie still und sonnig liegt ihr Sunde,
Vom Hauch der Ruhe eingewiegt,
Indeß manch Wrack in euerm Grunde
Zerschmettert und vermodernd liegt.

Ihr gleicht dem wunden Mädchenherzen,
Das vor der Welt in Lächeln hüllt
Getäuschter Liebe heiße Schmerzen,
Bis mitleidvoll der Tod sie stillt.

### III.

O Welle, könntst du sprechen,
Ich sagte zu dir: Bleib!
Wess war, den du umschlungen,
Der schönste Frauenleib?

Sahst du die Locken golden,
Die Augen blau und mild,
Den Leib wie Schnee und Rosen?
So ist's ihr liebes Bild.

Kommt sie zu baden wieder,
Umschlinge lau und lind
Mit deinen weichsten Armen
Das wundersüße Kind.

Wenn du zu Haupt und Busen
Dich küssend hebst empor,
Dann flüstre meinen Namen
Ihr leise in das Ohr.

## IV.

Undine, sieh, nun bin ich dein!
Mich lockte deine Milde.
Nun wirfst du ab den falschen Schein,
Da du mich hast, du Wilde.

Nun bin ich dein; auf leichtem Boot
Trägst du mich durch die Wogen;
Sie heben sich im Abendroth,
Von ros'gem Schaum umflogen.

Nun bin ich dein; vom sichern Strand
Trennt mich die Wellenmauer.
Du bist mir nah im Fluthgewand;
Ich fühl's mit süßem Schauer.

Das Boot ist deiner Laune Spiel;
Du wirfst es auf und nieder.
Mir ist, ich seh im Schaumgewühl
Die jungfräulichen Glieder.

Du streckst die Arme nach mir aus
Die weißen perlumwunden,

Zu ziehn mich in dein Meereshaus.
Was hält mich denn gebunden?

Ist es ein lichter Augenblick,
Ein tiefprophetisch Mahnen,
Als fänd' ich noch ein schöner Glück
Auf meinen Pilgerbahnen?

V.

Auf des Meeres leises Rauschen
Horcht das arme, wunde Herz
Und vergißt in seinem Lauschen
Einmal seinen eignen Schmerz.

Solcher Größe weicht das Kleine,
Solchem Pulsschlag schweigt das Herz
Und die Thränen, die ich weine,
Wissen Nichts vom alten Schmerz.

Ist's der Erdgeist, der verwandte,
Der mir solchen Frieden beut?
Ist, was meine Schmerzen bannte,
Anschaun der Unendlichkeit?

VI.

Der Ebbe Strömung faßt den Schwimmer
Und immer weiter flieht das Land;
Er sieht, wie er auch ringt, es nimmer;
Matt sinkt er in des Todes Hand.

Aus des Genusses vollem Garten
Und aus der Ruh entlegner Bucht,
Wo Schätze wir zusammen scharrten,
Reißt so uns fort der Stunden Flucht.

Und ist vergebens unser Klagen,
Reißt uns vom Lebensstrand die Zeit:
Sei's drum, wenn wir nur in uns tragen
Die Güter einer Ewigkeit.

## VII.

Wie heult die Luft im Sturme!
Die Wellen rauschen drein.
Am weißbeschäumten Strande
Geh sinnend ich allein.

Das Meer ist nächtig dunkel,
Der Himmel sterneleer;
Von hoher Düne schimmert
Ein einsam Lichtlein her.

Es schimmert matt und trübe
Aus jenem Lootsenhaus;
Doch trauriger und trüber
Noch sieht es drinnen aus.

Der Vater sitzt, der alte,
Vor dem ertrunknen Sohn,
Die kalte Hand in seiner,
Im Antlitz Schmerz und Hohn.

Eintönig schwankt das Pendel
Der Wanduhr auf und ab,

Als messe es die Spanne
Vom Leben bis zum Grab.

Man hört nur schweres Athmen;
Dumpf klopft das Vaterherz.
Dazwischen rinnen Tropfen
Vom Leichnam niederwärts.

Bei ihm die blinde Mutter!
Wie betend zuckt ihr Mund.
Stumm wedelnd leckt dem Todten
Die Hand des Hauses Hund.

Da späht von Drauß durch's Fenster
Ein lieblich, bleich Gesicht.
Aufschreit's, als säh's Gespenster; —
Man sieht es weiter nicht.

## VIII.

Wie der Liebe Blick, der gleitet
Aus dem Auge der Geliebten,
Heiß die Seel' entflammt und weitet
Und sie spornt zu hoher That:

So entflammen sich und weiten
Fühlt vor euch sich meine Seele,
Grenzenlose Meeresbreiten,
Tiefgeheimer Horizont!

Und der Will' erfaßt das Steuer,
Phantasie entrollt die Segel
Und der Seel' entströmt's wie Feuer
Und im Feuer treibt das Boot.

Weiter auf den Wasserwegen
Schweift die Seel' im luft'gen Nachen
Der verborgnen Welt entgegen,
Dem geheimen Horizont.

## IX.

Viele Städt' hab' ich gesehen,
Dom' und Burgen ohne Zahl,
Hab' gejauchzt auf Bergeshöhen
Und geträumt im grünen Thal.

Alles Schön' hab' ich genossen;
Auch der Liebe Qual und Lust
Hat mein Herz sich aufgeschlossen
Und geruht an schöner Brust.

Doch ob das, was ich besessen
Und gesehn, dem Sinn' entgeh:
Du bleibst stets mir unvergessen,
Freie, ew'ge, heil'ge See.

## X.

Das Dampfschiff war in Sicht. In hellen Schaaren
Trieb sich die Menge auf und ab am Strand
Aus Neugier halb und halb, um zu erfahren,
Ob es ersehnte Freunde ihr gesandt.

Ich harrte keines Freundes dort im Bade
Und dennoch zog auch mich die Menge mit.
Gesteh ich es; — ich folgte nur dem Pfade,
Den eine fremde Jungfrau vor mir schritt.

Ich sah sie auf dem Weg' und ward entzündet
Von einer Schönheit, wie ich nie sie sah.
So geht mir's noch; wo sie mein Auge findet,
Steh ich gebannt in ihrem Anschaun da.

Wie röthete der Seewind ihre Wangen
Und hob des Haares blond Gelock empor,
Wie lieblich über goldnen Gürtelspangen
Quoll ihres Busens schöne Wölbung vor.

Sie glich, so wähnt' ich aus der Ferne, Jener,
Die mir vor langen Jahren theuer war,
Doch war sie idealischer und schöner,
Ein Bild, wie Tizians Hand es einst gebar.

Ein leiser Schmerz verschwamm auf ihren Zügen
In holdes Kindeslächeln dann und wann;
Dann plötzlich schien ihr Aug' durchs Meer zu fliegen,
Sie seufzt' und eine leise Thräne rann.

Ruft dich daheim, fragt' ich durch stumme Blicke,
Der Glückliche, den deine Seele liebt?
Ruft eine Mutter sterbend dich zurücke?
Wem gilt die Thräne, die dein Auge trübt?

Ich blieb auch im Gedräng in ihrer Nähe.
Sie stieg ins Boot, dess Segel seewärts zog.
Ich wußte, daß ich nie sie wiedersähe
Und — seltsam war's! — ein Schmerz ergriff mich doch.

Ja, seltsam ist's, ein Räthsel unter vielen,
Daß um ein Herz, das du, das dich nicht kennt,
Das in den Weg dir stellt des Zufalls Spielen,
Du schmerzlich trauerst, wenn sich's von dir trennt.

Ist's unser halbes Herz, das in dem Leben,
Das über Sternen liegt, von uns entflohn?
Ergreift's uns, wo es naht, wie Sehnsuchtsbeben,
Weil aus der Seele Akkord es ist ein Ton?

# VI.

# Vermischte Gedichte.

## Eine Mainacht.

1805.

Nächtlich um die zwölfte Stunde
Hält der Lenz, der immer wacht,
Durch die laue Maiennacht
Schwebend seine Runde.

Auf den Gassen ist es stille;
Schlafend stehn die Häuserreihn
Und es birgt den Mondenschein
Dunkle Wolkenhülle.

Da erschallt's wie ferner Tritte
Abgemessner, dumpfer Schall
Und erweckt den Wiederhall
In der Gassen Mitte.

Und, umwallt von Trauerflören,
Schwebet hoch ein Sarg daher.

Theure Namen, Seufzer schwer
Muß der Lenz da hören.

Weh, du starbst, rief er mit Beben:
Du mein Liebling, Dichterstern,
Dem mein Odem hätt' so gern
Lebenskraft gegeben.

Sind vergessen Lied und Lehren?
Gehst du so den letzten Gang
Ohne Kranz und Trauersang,
Fürst und Volkesehren?

Großer Todter, so empfang
Heut der Mainacht letzten Gruß! —
Weiter schritt der Träger Fuß
In gemess'nem Gange. — —

Horch, da klang aus nahem Haine
Klagelied der Nachtigall
Und der Mond stand auf einmal
In dem hellsten Scheine.

Sahe auf den Sarg hernieder
Wie ein Freundesangesicht,

Das uns süße Tröstung spricht
Und schied trauernd wieder.

Und ein Blüthenduft umwehte
Sarg und Träger süß und lau
Und wie Thränen floß ein Thau
Auf die Grabesstätte.

## Der Befangene.

Die Kirch' ist aus. Ich steh am Wege. —
Hier kommt sie bald den schmalen Pfad.
Ich fühle laut des Herzens Schläge;
Es ahnet sicher, daß sie naht. —
Ich will sie durch das Thal begleiten
Bis hin zu ihrer Hüttenthür. —
Sie kommt. — Ich hör' ihr leises Schreiten;
Wie wird so wohl, so wehe mir! —
Hier berg' ich mich in den Gesträuchen,
Da schöpf' ich Muth und tret' hervor. —
Sie geht. — Ich kann sie leicht erreichen
Und — bleibe stehn, ich blöder Thor!

## Die Blauamsel.

Reiseerinnerung.

Von Dalmatiens Berggeländen
Zu Saleve's Felsenwänden
Wanderst du mit deinem Lied,
Das wie schwermuthvolle Flöte
Einsam durch die Abendröthe
In die Thäler niederzieht.

Bald wie süße Frühlingsschauer
Tönt es von der Felsenmauer
Aus der Flühen Gras' empor,
Bald, wie sehnsuchtsvolle Klagen
Nach der Heimat schönern Tagen,
In des Wandrers horchend Ohr.

Zu den abendrothen Höhen
Schaut umsonst er, dich zu sehen,
Himmelblaue Siedlerin!
So aus unsichtbaren Händen
Nehmen wir der Gottheit Spenden,
Ihre Näh' nur ahnend, hin.

## Der Gegengruß.

Nach Heinrich Heine. Englische Fragmente No. XII.

Vom fernen Strand Bengalens liegt heimgekehrt die Brigg:
Das Schiffsvolk rüstet eilend zu langer Ruhe sich.
Ich trat aufs Deck, zu lauschen dem heimlichen Bericht,
Den nur vernimmt der Dichter, dem er aus Kiel und Segeln spricht.

Es klangen fremde Worte und glänzte seltne Tracht.
Wie blitzten mild die Augen, gleich Sternen durch die Nacht;
Rings regten sich Gestalten, geschmeidig, hoher Kraft,
Gebräunt von Südens Sonne und schlank gebaut, wie Palmenschaft.

Ihr Auge maß mich fragend und meines wieder sie,
Doch seufzte meine Seele: Es ist vergebne Müh!
Ich kenn' nicht ihre Sprache und sie die meine nicht,
Die sonst die Nationen in Leid und Lust so eng' umflicht.

Ich lieb euch Sonnenkinder, so sprach mein stummer Blick.
Mir schien, als gäb' ihr Auge mir gleiches Wort zurück.
Sind sie des Islam Söhne, riefs in mir auf einmal,
So werden Einen Gruß sie verstehen hier und überall.

Mit ernsten Mienen streckt' ich die Hand, wie zum Gebet,
Entgegen ihnen grüßend und sagte: Mahomet! —
Da flog aus ihren Augen der Freude funkelnd Licht,
Wie durch die dunkeln Schatten der Nacht die Morgensonne bricht.

Sie nahten leisen Schrittes und lächelten in Ruh;
Die weißen Zähne glänzten im Lächeln ab und zu,
Und mit gekreuzten Armen, nach ihres Landes Art,
Scholl aus dem dunkeln Haufen als Gegengruß ihr: Buonapart! —

O wundersamer Namen, drin sich, wie Losungswort,
Des Morgenlands Nationen begegnen mit dem Nord!
Prophet, Sultan des Feuers und Herr des Abendlands,
Las er die Weltgeschicke in sich und in der Sterne Glanz.

Wohl ist er ein Titane, der mit dem Himmel rang
Und wohl ein Held der Helden, der Nord und Süd bezwang.
Wie einer Vorwelt Märchen, wie eine Epopoe
So steigt von allen Zungen sein Namen ewig in die Höh.

## Rizzio.

Sing mir noch einmal diese Weise,
Der süße Ton ergriff mich so! —
Sprach einst Maria Stuart leise
Zum schönen Sänger Rizzio.
Und lieblich von des Schlosses Söller,
Wo sie genoß der lauen Nacht,
Verklang das Lied bald sanft, bald heller
Hinaus in Park und Mondenpracht.

Da kniete er in stiller Stunde
Vor ihr und sprach mit leisem Ton:
O laß von deinem süßen Munde
Mich nehmen des Gesanges Lohn! —
Doch kaum sah er in ihren Blicken
Ein stumm Gewähren und kaum brannt'
Sein Mund auf ihrem mit Entzücken,
Als König Darnley vor ihm stand.

Von wilder Eifersucht bezwungen,
Hatt' er gelauscht an offner Pfort'.
Rasch sprang er vor, das Schwert geschwungen
Und also scholl sein Donnerwort:

Ersinge dir von Dirnen Küsse;
Für Buben solchen Schlages nicht
Ist meines Weibes Mund, drum wisse,
Daß deine letzte Stund' anbricht!

Maria rief in Angst und Schmerzen
Entgegen ihm: O schone sein!
O schon' dein Kind, das unterm Herzen
Ich trag, sonst tödtet's meine Pein. —
Sie bat umsonst; schon sank erstochen
In seinem Blut der Sänger hin.
Sie sah's und unter wildem Pochen
Der Brust entschwanden ihr die Sinn'.

Den Mörder faßt ein tief Ermatten,
Er schwankt zurück und — steht gebannt.
War's Wahn? — Ein dolchbewehrter Schatten
Trat ihm entgegen und verschwand. —
Er achtet's nicht. — Nach wen'gen Tagen
Verrann auch seines Lebens Sand;
Er ward im Schlafe Nachts erschlagen,
Man sagte, von Graf Bothwell's Hand.

## Die Marseilläse.

Auf der Alpe wilden Bahnen
Flieht geächtet und verbannt
Aus der Heimath seiner Ahnen,
Rouget einsam, unerkannt;
Und schon will der Tag sich neigen,
Stiller wirds in Fern und Näh,
Da sinkt, matt vom langen Steigen,
Er dahin auf fels'ger Höh.

Plötzlich rafft er sich vom Steine
Wilden Blicks, das Herz voll Qual,
Denn er sieht im Abendscheine
Waffen blitzen tief im Thal.
Aufwärts durch die Berggehänge
Schallt's wie ferner Kriegsgesang. —
Was ergreifen diese Klänge
Ihn so wunderlich und bang?

Wie der eignen Brust entsprungen,
Scheinen sie ihn anzuwehn;
Ob die Fern' das Wort verschlungen,
Glaubt er's dennoch zu verstehn.

Schauer einer heil'gen Weihe
Fühlt er plötzlich auferwacht
Und dann sinkt sein Glaub' aufs Neue
Wieder in des Zweifels Nacht.

Da auf einmal wird's im Grunde
Seiner Seele hell und klar:
Ja, es ist das Lied der Stunde,
Wo er einst so selig war,
Wo sich an des Rheines Fluthen
Im geliebten Vaterland
Jauchzend aus des Herzens Gluthen
Diese Liebesflamme wand.

Lange steht er stumm, geblendet
Von dem Ton, der ihn durchglüht;
Dann zum Führer rasch gewendet,
Fragt er: kennst du jenes Lied?
Herr, man nennt's die Marseilläse;
Alle singen's Tag und Nacht;
Es begleitet Gut' und Böse
Zum Schafot, wie in die Schlacht.

Fest aufs Herz preßt er die Hände,
Seufzet tief und kehrt sich ab

Und durch dunkle Felsenwände
Wandert schweigend er hinab. —
Gegen den, ach, der's geschliffen,
Hat das Schwert sich umgewandt
Und die Flamme hat ergriffen
Den, der weckte ihren Brand.

## Der wandernde Kranich.

Ueber Seen und weite Felder
Strebet still der Kranich fort,
Ueber Berge, über Wälder
Nach der neuen Heimath Port;
Ohne Ruh und ohn' Ermatten
Fliegt er eilig gegen Süd,
Wo die hohen Palmen schatten,
Wo die Lotosblume blüht.

Und das Land voll Gluth und Schöne
Endlich ist es aufgethan
Und von fern schon Düft' und Töne
Fördern seine luft'ge Bahn.
Keine Klippe konnt' ihn irren,
Nicht das wogenvolle Meer;
Immer hört den Fittig schwirren
Sonne, Wolk' und Sternenheer.

Und so ist es neu errungen,
Vor ihm liegt ein goldnes Land,
Dem entgegen sich geschwungen
Er beharrlich, unverwandt.

Ist der Fittig ihm auch müde,
Um so inn'ger labt die Ruh,
Ob das Blut ihm wall' und siede,
Ging's im Sturm' dem Ziele zu.

An den heilig süßen Banden
Der Natur zog es ihn fort
Und so kam er zu den Landen,
Gleich als hätt' er Pfand und Wort.
In das Blut war's ihm geschrieben,
Daß die Lüfte er durchzieh;
Rastlos hatt' ihn fortgetrieben
Eine Stimm', er weiß nicht, wie?

Ringe, strebe du auch weiter
Durch der Erde Wahn und Bann
Und am Ende triffst du heiter
Die Atlantis doch noch an,
Jene, die dir Gott erwählet,
Jen', an die du lang gedacht;
Pilgern nur, von ihm beseelet,
Offenbart sich ihre Pracht.

## Das nächtliche Tedeum.

Ein Siegesmarsch im Dunkel
Auf Leuthen's Todtenfeld!
Darüber Sterngefunkel
Aus kaltem Himmelszelt.
Voran Er, der die Krone
Des Sieges heut gewann,
Ihm nach die Bataillone,
An zwanzigtausend Mann.

Der König, still, inmitten
Der Grenadiere vorn;
Im Antlitz ausgestritten
Hat Freud' und Kriegerzorn.
Die schwankenden Kolonnen,
In Mäntel tiefverhüllt,
Sie schreiten ernst besonnen
Durch's weite Schlachtgefild.

Zerrissne Fahnen ragen
Hervor aus dunkelm Knäul;
Dumpf rollt Geschütz und Wagen
In endlos langer Zeil.

Es wandelt über Leichen
Und Sterbende der Troß;
Die schweren Tritte weichen
Auf blutig feuchtem Moos'.

Gehüllt in tiefes Schweigen,
Das jeden Laut begräbt,
So wandeln sie und zeugen:
Der Bluttag ist durchlebt! — —
Urplötzlich bricht die Stille
Ein Krieger in der Rott';
Er singt aus Herzensfülle:
Nun danket Alle Gott!

Kaum ist das Lied erklungen
Aus rauhem Kriegermund,
Schon tönts von vielen Zungen
Stets weiter in die Rund.
Vollstimm'ger immer schwimmen
Die Töne durch die Reihn;
Schon zählt an tausend Stimmen
Der singende Verein.

Und jetzt; — als ob die Seelen
Vom Schlaf' erwacht zumal; —

Aus zwanzigtausend Kehlen
Schallt brausend der Choral.
Aufschallt er zu den Sternen,
Schallt weithin durch die Nacht;
Die Echo's, nah'n und fernen,
Sind davon aufgewacht.

Die Wunden bei der Weise
Vergessen ihre Qual,
Sie stimmen matt und leise
Mit ein in den Choral.
Die Sterbenden selbst heben
Empor sich noch einmal
Im Kampf um Tod und Leben
Und lauschen dem Choral. —

Nun haben sie's verstanden,
Was dumpf im Innern klang
Den kriegerischen Banden:
Dem Herrn, dem Herrn sei Dank! —
Die Nacht der heil'gen Töne
Ergreift den König auch;
Er wischt sich eine Thräne
Verstohlen aus dem Aug.

Das war ein recht Tedeum,
Dem Herren dargebracht
Im Riesenkoliseum
Gestirnter Winternacht;
Tedeum ohne Priester
Und ohne Orgelklang:
Die Krieger sind die Priester,
Die Orgel Kriegersang.

## Ave Maria.

Ein Nachen schaukelt leise
Auf abendrothem See;
Drin ruht der junge Fischer,
Im Herzen tiefes Weh.

Am Strande sitzt die Dirne
Und sinnt in Abendgluth.
Er kehrt sich ab zur Ferne,
Sie starrt in die goldne Fluth.

Lacht auch in tiefem Frieden
Der Himmel und der See,
Sie sitzen stumm, geschieden
Mit unnennbarem Weh.

Ave Maria läutet
Das Kloster feierlich.
Da falten sie die Hände
Und beten still für sich.

Die Töne ziehn, wie Engel,
Versöhnend in ihr Herz.

Sie schaut zu ihm hinüber,
Er zu ihr uferwärts. —

Ein Nachen schaukelt leise
Im See bei Mondenschein.
Dort ruhn sich Zwei am Herzen
So selig und allein.

## Reiseerinnerungen.

### I.

Der Sommer glüht und duftet rings im Frei'n,
Goldlichter äugeln durch die Weinlaubranken
Tief in den kühlen Klostergang hinein,
Wie Liebesboten, helle Lustgedanken.
Dort sitzen Mönche beim Brevier allein,
Wie mitten in der Lebenslust die Kranken.
Ich seufz' um sie und trinke Sonnenschein
Und träume unter Pinien, den schlanken.

### II.

Mein süßes Kind, laß uns ins Freie ziehn!
Dort klinge deines Tambourines Schelle,
Dort tanz' in der Zypressen ew'gem Grün
Als Frühlingselfe deine Tarantelle.
Vor meinen Blicken tanzt der Apennin,
Die Wolke und des Meeres blaue Welle,
Wenn deine Füßchen hin und wieder fliehn
Und mir auch ists, als rückt' ich von der Stelle.

## III.

Ich fuhr im Kahne nach Charlottenlund
Und weithin an umbrandeten Gestaden
Lag Vill' an Vill' im Kranz' der Gärten bunt.
Ich sah am Strand' ein Mädchen, gleich Najaden;
Als sich ihr Antlitz spiegelte im Sund,
War mir's, als tauchten Rosen drein, zu baden.
Ach, wüßte sie es, daß mein Herz so wund,
Sie hätte wohl den Fremdling eingeladen.

# VII.

# Sonette aus Venedig.

1858.

Aus einer größeren Sammlung.

## I.

Das Dampfroß brauste über Brückenbogen
Und ließ den Staub zurück an Mestre's Schwellen.
Fern stiegen Thürm' und Kuppeln aus den Wellen,
Die durch den Frühduft nah und näher flogen.

Ist das Venedig? — diese düstern Zellen
In enger Gondel und, vom Schlamm umzogen,
Verfall'ne Häuserreihn? — Hat mir gelogen
Der Ruf, hier flössen mir der Schönheit Quellen?

Da stiegen, hell vom Sonnenschein umflossen,
Der Dogen Säulengänge mir entgegen,
Die Riva reich an schwarzen Wasserrossen;

In der Piazza lebensvollem Regen
Hatt' nun das Herz Venedigs sich erschlossen
Und bot mir ihres Anschauns reichen Segen.

---

II.

In dich träumt' ich mich schon in Knabenjahren,
Vertiefte mich in Bild und Lied von dir:
Ich war im Geist ein junger Gondolier,
Der serenadend Nachts umhergefahren.

Stand auf der Piazza unter Taubenschaaren
Und horchte an der Seufzerbrücke Thür
Und sah aufs Meer und nun — nun bin ich hier
Und jene Knabenträume sind zerfahren. —

Ich steh' vor einem Riesenmonument',
So schön, wie nie es Macht und Kunst erschufen.
Hat auch die Zeit schon manchen Stein getrennt

Und werden immer morscher seine Stufen:
Vergißt es nie doch wieder, wer es kennt
Und ehrt es, wo sein Namen wird gerufen.

## III.

Mein staunend Auge mustert die Paläste,
Indeß die Gondel durch die Wellen gleitet
Und, wie die Seele sich im Anschaun weitet,
Nennt mir mein Gondolier sie all' aufs Beste.

O seht, Signor, dort, wo der goldbetreßte
Barkajolo an Marmortreppen schreitet,
Wohnt' ein Geschlecht, das siebenmal geleitet
Das Schiff des Freistaats ruhmreich, treu und feste.

Es ist der Palast Mocenigo. — Ha!
Wie hing mein Aug' an Fenstern und Balkonen;
Wie rang mein Geist, das Bild sich einzuprägen!

Ich dachte Deß' nicht, was die Stätt' einst sah,
Des Ruhm's nicht, noch der sieben Dogenkronen.
Es tönten and're Stimmen mir entgegen.

IV.

Der Palast Mocenigo! Heil'ge Stelle,
Wo einst ein Dichter*) wohnte und sie weihte!
Du stehst, ein Denkmal seines Ruhm's, noch heute;
Von seinen Liedern flüstert noch die Welle.

Auf dem Balkon dort rang in Mondenhelle
Manch schönes Aug' um seiner Liebe Beute,
Durch jene Säle weht wie leis' Geläute
Noch Kuß und Zitherklang und Lärm der Bälle.

Auch hier fand seine Seele keine Rast.
Sie sucht' in allen Fernen Ideale
Und rang und buhlte mit der Wirklichkeit.

Die Form zerbrach, von innrer Gluth erfaßt,
Doch unzerbrechlich blieb die Liederschale,
Darin sein Geist sich Mit- und Nachwelt beut.

---

*) Lord Byron.

V.

Wenn ich vorüberfahr' an den Palästen,
Wo auf den düstern, gothischen Balkonen
Des Südens Blumenflore reichlich thronen
Und Ranken niederhangen sammt den Aesten,

Die, hin und her gewiegt von leisen Westen,
Entfalten ihre duft'gen Blüthenkronen,
Als seien sie von ihnen, die dort wohnen,
So schön geordnet zu Venedigs Festen,

Wenn dann in meine Gondel niederschweben,
Vom Wind' gelöset, Blätter oder Blüthen,
Ist mir's, als ob dem Tod' ein süßes Leben,

Dem Stein' ein warmer Odem Trotz will bieten.
Es liebt ja die Natur, zu überweben
Verwes'tes stets mit ihren Neophyten.

## VI.

Der Freund stand draußen vor Lysippus Rossen;
Ich war indeß in's Gotteshaus entronnen
Und sah dort eine Jungfrau vor Madonnen
Still betend ruhn, vom Abendschein umflossen.

Bald in die Formen, lieblich hingegossen,
Vertieft' ich mich, bald in die Augensonnen,
Drin schwammen nur der Himmelsliebe Wonnen,
Als hätten nie der Welt sie sich erschlossen.

Und fast ergriff mich ein geheimes Sehnen,
Mit ihr mich im Gebete zu vereinen.
O wie der Süd weiß Schönes zu verschönen!

Er läßt es duft'ger, farbenglühnder scheinen,
Harmonischer und weicher dort ertönen
Und süßer lächeln und verklärter weinen.

## VII.

Hier durften Künstler mit den Kön'gen gehen,
Drum konnten jene ohne Scheu es wagen,
Die eignen Kronen vor dem Volk zu tragen,
Das stolz sie sah in seiner Mitte stehen.

Rings um Venedigs prangende Trophäen
Hat Kunst Gewand' der Schönheit erst geschlagen,
Daß sie unsterblich in die Nachwelt ragen
Als Zeugen göttlich großer Geisteswehen.

Von allen Kirchen und Palastesmauern
Sehn wir die Kunst, die heil'ge, niederschweben.
Bellin läßt süß, Paolo ernst uns schauern,

Palma läßt in der Lieb' Entzücken beben,
Piombo jauchzen und Kampagna trauern
Und Tizian weiß das Alles uns zu geben.

## VIII.

Zu Zeiten ward in deinen schönen Nächten
Mir im Gewühl Lustwandelnder zu enge
Und das Gemisch der Sprachen und Gesänge
Begann das Ohr betäubend zu umflechten;

Und traten gar zur Linken mir und Rechten
Eintagsbekannte aus der Fremden Menge,
Durch Alltagswort und Hin- und Wiedergänge
Den freien Flug der Seele mir zu knechten,

Hab' ich mich schweigend oft dem Zwang' entzogen,
Um hast'gen Schritts der Riva zuzueilen
Und kaum fühlt' ich der Gondel sanftes Wogen

Und sah von fern der Lichter lange Zeilen
Magisch beleuchten Meng' und Säulenbogen,
Meint' ich in einem Feenland zu weilen.

## IX.

Ich steh' an Marmorbrüstungen gelehnet,
Dort vor mir hoch die schaurigste der Brücken,
Das freie, sonn'ge Meer in meinem Rücken,
Indeß geschäftges Treiben mich umdröhnet.

Der Prachtpalast zur Linken, scheint's, verhöhnet
Den Kerker rechts, in den er durfte schicken
Die Frei'n, die sich der Macht nicht wollten bücken.
Nun hat der Macht die Stunde auch getönet!

Sie ist zum Schemen und zum Wahn geworden;
Still nagt der Wurm in ihres Thrones Füßen.
Vergangen! tönts von goldner Trepp' und Saal.

Ich wend' zurück mich nach des Meeres Borden;
Dort ewig tönt der Macht und Freiheit Grüßen
Und ich vergesse Menschenmacht und Qual.

## X.

Mich können jene Spötter nicht berühren,
Die an Venedig Nichts zu loben wissen
Als Eis, Trattorien, Dirnen und Koulissen
Und milde Tag' und Nächte zum Flaniren.

Sie wollen Nichts von jener Wehmuth spüren,
Die wir als Zoll des Mitleids fühlen müssen,
Sehn wir den Bau der Größ' und Macht zerrissen,
Der manch Jahrhundert sah bis zum Vollführen.

Es hudeln Platen's Klagsonett' die Banden
Blasirter Scythen in Venedigs Gassen.
Sie sind's, wie Heine singt, in allen Landen,

Die, unverständlich uns, auch uns nicht fassen;
Doch haben Augenblicks sie uns verstanden,
Wenn wir zu ihrem Koth' uns niederlassen.

XI.

Die Möve schreit, statt Nachtigallgesanges
Und statt der Rosen duften hier die Wogen;
Nur Marmorrosen stehen an den Bogen
Der Markuskirche und des Säulenganges.

Hier denkt man jener nicht, weil heißen Dranges,
Der Geist hier wird zu Schönerm hingezogen,
Zu Wunderbau'n in Gold und Marmorbogen
Und Bildern jener Meister ersten Ranges.

Sind's hohe Schöpfungen auch ohne Seelen,
Doch sehn wir auch lebendige hier walten,
So süßmelod'schen Ton's, wie Philomelen,

So süßen Duft's, wie Rosen ihn entfalten,
So liebeheiß, wie Morgenlands Ghaselen:
Es sind Venedigs schöne Fraungestalten.

## XII.

Wie lieblich, wenn im letzten Schein der Sonnen
Der Golf und San Giorgio feurig glänzen,
Dort zuzuschaun der Gondeln leichten Tänzen,
Gelehnet an des Flügelleu'n Kolonnen!

Wie manche Gondel birgt geheime Wonnen.
Sieh, ihr entsteigen schön, gleich Südens Lenzen,
Signora's unter Schleiern, Fächern, Kränzen,
Kühlung zu trinken aus Arkadenbronnen.

Wie reich bist du Venedig! Welchem Schönen
Wag' ich zu folgen? Welches soll ich wählen? —
Ich bleib' am Strand' und horche jenen Tönen,

Womit die Wellen Mährchen mir erzählen.
O Alles will hier heilen und versöhnen,
Uns von dem Band' des Grames loszuschälen.

FSC
www.fsc.org
MIX
Papier | Fördert gute Waldnutzung
FSC® C083411

Kolibri 360 GmbH
Ferdinand-Jühlke-Straße 7
99095 Erfurt, Deutschland
produktsicherheit@kolibri360.de